BEI GRIN MACHT SICH IHR WISSEN BEZAHLT

AF151768

- Wir veröffentlichen Ihre Hausarbeit,
  Bachelor- und Masterarbeit

- Ihr eigenes eBook und Buch -
  weltweit in allen wichtigen Shops

- Verdienen Sie an jedem Verkauf

Jetzt bei www.GRIN.com hochladen und kostenlos publizieren

Bibliografische Information der Deutschen Nationalbibliothek:

Die Deutsche Bibliothek verzeichnet diese Publikation in der Deutschen National-bibliografie; detaillierte bibliografische Daten sind im Internet über http://dnb.d-nb.de/ abrufbar.

Impressum:

Copyright © 2012 GRIN Verlag, Open Publishing GmbH
Druck und Bindung: Books on Demand GmbH, Norderstedt Germany
ISBN: 978-3-656-54841-6

Dieses Buch bei GRIN:

http://www.grin.com/de/e-book/211510/stundenplanung-zur-einfuehrung-der-addition-rationaler-zahlen

Thomas Linke

Stundenplanung zur Einführung der Addition rationaler Zahlen

GRIN Verlag

GRIN - Your knowledge has value

Der GRIN Verlag publiziert seit 1998 wissenschaftliche Arbeiten von Studenten, Hochschullehrern und anderen Akademikern als eBook und gedrucktes Buch. Die Verlagswebsite www.grin.com ist die ideale Plattform zur Veröffentlichung von Hausarbeiten, Abschlussarbeiten, wissenschaftlichen Aufsätzen, Dissertationen und Fachbüchern.

Besuchen Sie uns im Internet:

http://www.grin.com/

http://www.facebook.com/grincom

http://www.twitter.com/grin_com

Sächsische Bildungsagentur Regionalstelle Leipzig
Referat 51, Lehrerausbildung
Nonnenstraße 44c

Ausführliche schriftliche Stundenvorbereitung

im Rahmen des Vorbereitungsdienstes für das

Lehramt an Mittelschulen

Kurs: 19

Name, Vorname: Linke, Thomas

Fach: Mathematik

Stundenthema: Einführung in die Addition der rationalen Zahlen

Unterrichtsbesuch Nr.: 1

Klasse: 7a Realschule		**Datum:** 18.01.2012
		Zeit: 09:50 – 11:20 Uhr (2.Block)

Inhaltsverzeichnis

1. Bedingungsanalyse

1.1 Organisatorische und technische Rahmenbedingungen der Ausbildungsschule

Die Lene-Voigt-Schule ist eine Mittelschule der Stadt Leipzig und befindet sich im Stadtteil Lößnig umgeben von einem Neubaugebiet. An ihr lernten im Schuljahr 2010/2011 253 Schülerinnen und Schüler, die von 28 Lehrerinnen und Lehrern in 11 Klassen unterrichtet wurden, wobei im aktuellen Schuljahr die Klassenstufen 5 und 9 dabei dreizügig und die restlichen Schulklassen zweizügig sind. Eine komplette Hauptschulklasse wurde in der 9. Jahrgangsstufe gebildet, ansonsten erfolgt der abschlussbezogene Unterricht ab Klasse 7 mit Hilfe einer äußeren Differenzierung in Form von Gruppenbildung in den Hauptfächern. Nach der geplanten Sanierung sollen bis zu 15 Klassen in der Schule untergebracht werden können (vgl. Homepage Lene-Voigt-Mittelschule).

Seit dem Schuljahr 2007/2008 findet ausschließlich Blockunterricht statt. Daraus ergeben sich folgende Unterrichts- und Pausenzeiten:

Tab. 1: *Unterrichtszeiten*

Stunde	Beginn	Ende
1. Block	8:00 Uhr	9:30 Uhr
20 Minuten Pause	9.30 Uhr	9:50 Uhr
2. Block	9.50 Uhr	11:20 Uhr
15 Minuten Pause	11.20 Uhr	11:35 Uhr
3. Block	11:35 Uhr	13:05 Uhr
40 Minuten Pause	13:05 Uhr	13:45 Uhr
4. Block	13:45 Uhr	15:15 Uhr

In der Lene-Voigt-Schule wird in jeder Pause auf den Hof gegangen, welches einerseits zur Nahrungsaufnahme und andererseits zum Ausleben des natürlichen Bewegungsdranges dienen soll. Die dadurch bewirkte geistige Erholung dient zur effektiven Arbeit in den kommenden Blockeinheiten. Nach dem dritten Block haben die Schülerinnen und Schüler die Möglichkeit an der Schulspeisung teilzunehmen oder auf dem Freigelände Mittag zu essen. Nach dem Unterricht besteht für die Schüler die Möglichkeit am Ganztagsangebot der Lene-

Voigt-Mittelschule teilzunehmen, welches neben der Freizeitgestaltung auch Hausaufgabenbetreuung und individuelle Förderung umfasst. Die Unterrichtsstunde für den ersten Unterrichtsbesuch im Fach Mathematik findet um 9.50 Uhr am Mittwoch statt. Dies ist der zweite Block für die Klasse 7a und wird im Unterrichtsraum 208 durchgeführt. Das Zimmer wird fast ausschließlich für den Mathematikunterricht benutzt, so dass auch alle für den Mathematikunterricht benötigten Materialien wie z.b. Geodreieck, Tafellineal, Sinuskurve und Lochschablone vorhanden sind. Des Weiteren befinden sich ein funktionstüchtiger Overhead-Projektor mit fester Leinwand und eine Klappschiebetafel im Raum 208.

1.2 Analyse der Lerngruppe

Die Lerngruppe, die den Realschulabschluss anstrebt, besteht insgesamt aus 22 Schülern. Von diesen sind 10 Jungen und 12 Mädchen. Trotz der Gruppengröße resultieren relativ wenige Unterrichtsstörungen, so dass ein konzentriertes Arbeiten möglich ist. Dies mag auch daran liegen, dass die Mentorin schon eine sehr gute erzieherische Vorarbeit geleistet hat und die Schüler einen geregelten Stundenablauf kennen und gelernt haben, sich untereinander zur Ruhe zu bitten. Das Leistungsniveau in der Klasse ist sehr unterschiedlich. Zu den stärksten Schülern der Gruppe gehören ███████████████████████████ Sie streben eine gute, bis sehr gute Bewertung im Fach Mathematik an und zeigen ein rasches Auffassungsvermögen. Den Unruheherd der Gruppe stellt eine Mädchengruppe dar, gebildet aus ███████ die die Klasse fest im Griff zu scheinen hat und ███████ die sich in einer starken Pubeszensphase befindet und kein rechten Gedanken an den Mathematikunterricht verschwenden möchte. Eine weitere Besonderheit ist ███████████ Er kommentiert den Stundenverlauf gelegentlich mit unpassenden Äußerungen, schwatzt dazwischen und benötigt häufig einen extra Anschub um mit seiner Aufgabe anzufangen. Im Mathematikunterricht ist dies zwar nicht so sehr ausgeprägt wie in anderen Fächern, aber dennoch habe ich den Eindruck, dass er immer eine Besonderheit darstellen möchte. Die vier schwächsten Schüler sehe ich in ███████████ , die eine nachgewiesene Dyskalkulie hat und im Umgang mit Zahlen und Operationen große Schwierigkeiten zeigt. Ebenfalls Probleme hat ihre Banknachbarin █████████ ████████████████ █ Bei Ihnen kann man feststellen, dass es an einer Vielzahl von grundlegenden mathematischen Fakten mangelt (Einmaleins, Addition über die Zehnerstelle hinaus, Bruchrechnung, usw.). Allerdings muss man ███████████ und

4

█████ ein großes Kompliment für ihren Ehrgeiz und ihre Mitarbeit machen. Trotz der vorhandenen Probleme versuchen Sie stets dem Unterricht zu folgen und freuen sich über jede Hilfe durch den Lehrkörper und von Mitschülern. Auch █████ scheint zur Zeit eine Außenseiterrolle innerhalb der Klasse einzunehmen, da man sie in Pausen ganz selten mit den Mitschülern reden sieht. Dennoch schreibt sie immer bessere Noten, sie ist noch etwas zaghaft in der Mitarbeit, hat aber immer gute und richtige Ideen.

Einige Schüler der Realschulgruppe weisen verschiedene Besonderheiten, wie z.B. LRS auf. Somit ist darauf zu achten, dass sowohl Folien als auch das Tafelbild gut lesbar sind und Aufgabenstellungen von den Schülern vorgelesen werden.

Allgemein lässt sich feststellen, dass es eine willige, lernbereite Klasse ist, die zuhören kann, sich am Unterricht beteiligt und zum Großteil auch Interesse an der Mathematik zeigt.

2. Einordnung der Stunde in den Lernbereich

2.1 Tabellarische Lernbereichsplanung

Lernbereich 3: Rationale Zahlen und Gleichungen (Lehrplan: 28 Unterrichtsstunden)

Vorwissen

Schüler...

... beherrschen das Veranschaulichen von natürlichen und positiven gebrochenen Zahlen am Zahlenstrahl (Kl. 5, LB 1; Kl. 6, LB 1)

... beherrschen das Vergleichen und Ordnen von natürlichen und positiven gebrochenen Zahlen (Kl. 5, LB 1; Kl. 6, LB 1)

... haben die Grundrechenarten für natürliche und positive gebrochene Zahlen auf das inhaltliche Lösen einfacher Gleichungen übertragen (Kl. 5, LB 1; Kl. 6, LB 1)

... kennen die Darstellung von Zuordnungen im Koordinatensystem (Kl. 6, LB 2)

Tab. 2: *Lernbereichsplanung*

Zeitraum	Inhalt	Lernzielebene	Kompetenzen	Methoden/Materialien
1. Block	- Notwendigkeit der Zahlenbereichserweiterung (Einführung negative Zahlen)	Einblick gewinnen	K4, K6, Z4	- Thermometer / Wetterberichtskarte
	- Veranschaulichen auf der Zahlengeraden von rationalen Zahlen	Beherrschen	K2, K4, Z4	- eUG
2. Block	- absoluter Betrag	Kennen	K4, K5	- eUG - Zahlengerade zur Anschauung - Zuordnungsaufgaben

Block	Inhalt		Kompetenz	Methoden
3. Block	- Vergleichen und Ordnen rationaler Zahlen, als Hilfe: Veranschaulichung auf der Zahlengeraden	Beherrschen	K1, K5, Z2	- eUG - Schülergruppen bekommen Zahlen auf Schildern zugewiesen und sollen sich ordnen
	- Übungen	Beherrschen	K2, K6, Z3	- AB - LB - AH
4. Block	- Eintragen und Ablesen von Punktkoordinaten im Koordinatensystem	Anwenden	K6, Z3, Z4	- eUG - Partnerarbeit - LB
5. Block	- Beschreiben von Änderungen	Beherrschen		- Zahlengerade als Hilfe - bewegtes Lernen: große Zahlengerade; Start bei 2, Anzahl der Schritte bis man bei -3 angelangt ist
6. Block	- Addition (Additionsregel für rat. Zahlen mit gleichen / verschiedenen Vorzeichen)	Beherrschen	K2, K5	- Einstieg durch Fahrstuhlmodell
7. Block	- Wdh. Addition	Beherrschen	K2, K5	- LB - AH - UG - AH
	- Subtraktion	Beherrschen	K2, K5	
8. Block	- Zwischenzsfg, Vermischte Übungen	Beherrschen	K2, K6, Z3	- LB - AB
9. Block	- Vervielfachen mit einer natürlichen Zahl, Teilen durch eine natürliche Zahl	Beherrschen	K2, K5	- eUG - TR für rationale Zahlen
	- Übungsstunde	Beherrschen	K2, K6, Z3	- Stationsarbeit
10. Block	- Berechnen von Termwerten	Anwenden	K1, K2	- eUG

		Beherrschen		
11. Block	- Wiederholungsstunde		K2, K6, Z3	- UG - Aufgaben auf Folie - AH
12. Block	- Inhaltliches Lösen einfacher Gleichungen	Anwenden	K1, K2, K3, K5	- UG - TR für rationale Zahlen
	- Gleichung aufstellen	Einblick gewinnen	K1, K2, K3, Z3	- LB
13. Block	- Zsfg	Anwenden	K6, Z3	- UG
	- Vermischte Übungen	Anwenden	K2, K6, Z3	- AB/Aufgaben auf Folie
14. Block	- Klassenarbeit			

Abkürzungen

Inhalt:

LK: - Leistungskontrolle
Zsfg: - Zusammenfassung

Kompetenzen:

K1: - Mathematisch argumentieren
K2: - Probleme mathematisch lösen
K3: - Mathematisch modellieren
K4: - Mathematische Darstellungen verwenden
K5: - Mit symbolischen, formalen und technischen Elementen der Mathematik umgehen
K6: - Kommunizieren

allgemein fachliche Ziele:

Z1: - Entwickeln von Problemlösefähigkeiten
Z2: - Entwickeln eines kritischen Vernunftgebrauchs
Z3: - Entwickeln des verständigen Umgangs mit der fachgebundenen Sprache unter Bezug und Abgrenzung zur alltäglichen Sprache
Z4: - Entwickeln des Anschauungsvermögens

Methoden:

eUG: - erarbeitendes Unterrichtsgespräch (neuer Stoff durch Anknüpfen an das Vorwissen gemeinsam erarbeitet)
UG: - Unterrichtsgespräch (es wird sich über den Inhalt unterhalten)
AB: - Arbeitsblatt
LB: - Lehrbuch
TR: - Taschenrechner
AH: - Arbeitsheft

2.2 Inhalt und Ablauf der vorangegangenen und folgenden Stunde

Der vorangegangene Block am Freitag startete wie von den Schülern gewohnt mit einer täglichen Übung. Des Weiteren wurden die Eigenschaften des Koordinatensystems und Vorgehensschritte beim Eintragen eines Punktes in das Koordinatensystem wiederholt. Dies wurde dann in einer Übung im Arbeitsheft nochmals gefestigt. Im zweiten Teil stand das Thema „Beschreiben von Änderungen" im Mittelpunkt. Die Problematik wurde anhand einer Konto-Tabelle eingeführt. Die Schüler erhielten in den ersten beiden Zeilen der Tabelle Informationen über den alten Kontostand und die Kontoänderung. Ziel war es, den neuen Kontostand zu ermitteln. Diese Aufgabe hatte als weiteres Ziel die Wiederholung von Guthaben und Schulden und was darunter zu verstehen ist. Die Tabelle wurde im weiteren Verlauf in ihren Startwerten immer wieder abgeändert, so waren z.B. die Kontoänderung und der neue Kontostand gegeben und der alte Kontostand (es ergaben sich Schulden) sollte nun berechnet werden. In der restlichen Zeit des Blockes wurde zu den Änderungsbeschreibungen im Lehrbuch geübt. Am Ende der Stunde wurde noch einmal eine Zusammenfassung des Inhalts der Stunde durch die Schüler gegeben.

Im folgenden Block auf die zu hospitierende Stunde wird ein Teil sich mit der Wiederholung und Festigung der Addition von rationalen Zahlen beschäftigen. Im zweiten Teil steht die Subtraktion von rationalen Zahlen im Vordergrund. Ob dies so möglich ist, wird stark von der Lerngeschwindigkeit der Schüler abhängen. Ich behalte mir deshalb vor, auch noch einmal einen kompletten Block zur Addition zu üben.

3. Fachwissenschaftliche Analyse[1]

Die Addition (lat. addere hinzufügen), wird umgangssprachlich auch Plus-Rechnen oder Und-Rechnen genannt. Sie ist eine der vier Grundrechenarten in der Arithmetik. Die Addition basiert auf dem Vorgang des Zählens. Deshalb verwendet man auch den Ausdruck „Zusammenzählen". Das Zeichen für die Addition ist das Pluszeichen „+". Es wurde 1489 von Johannes Widmann eingeführt.

Die Elemente einer Addition werden Summanden und das Ergebnis Summe genannt.

- Summe = erster Summand + zweiter Summand

Formell gelten bei der Addition folgende elementare Rechengesetze (x, y und z sind reelle Zahlen):

- Assoziativgesetz der Addition: $(x + y) + z = x + (y + z) = x + y + z$
- Kommutativgesetz der Addition: $x + y = y + x$
- Das neutrale Element ist 0: $x + 0 = x$
- Das inverse Element zu x ist $-x$
-

Die Addition innerhalb der rationalen Zahlen:

Die Entdeckung der rationalen Zahlen ergab sich aus dem Wunsch, Brüche auch dann darstellen zu können, wenn der Quotient keine ganze Zahl ist. Nicht nur die Zielsetzung für die Konstruktion von $\mathbb{Q}$ aus $\mathbb{Z}$ ist analog zur Konstruktion von $\mathbb{Z}$ aus $\mathbb{N}$, auch eine analoge Vorgehensweise ist möglich, da für Brüche gilt:

$$\frac{p_1}{q_1} = \frac{p_2}{q_2} \quad \Leftrightarrow \quad p_1 q_2 = p_2 q_1$$

Aus diesem Grund werden die Definitionen und Sätze hier ohne weitere Ausführungen angegeben.

Wie werden die rationalen Zahlen definiert?

Definition:

1. Sei $\approx$ eine Relation auf $\mathbb{Z} \times (\mathbb{Z} \setminus \{0\})$ definiert durch $\approx := \{ ((p_1, q_1), (p_2, q_2)) \in (\mathbb{Z} \times (\mathbb{Z} \setminus \{0\})) \times (\mathbb{Z} \times (\mathbb{Z} \setminus \{0\})) \mid p_1 q_2 = p_2 q_1 \}$. Für zwei Elemente (p_1, q_1), (p_2, q_2) gilt also: "$(p_1, q_1) \approx (p_2, q_2)$" $\Leftrightarrow$ "$p_1 q_2 = p_2 q_1$". Dann ist $\approx$ eine Äquivalenzrelation.

---

[1] Vgl. Vorlesung Prof. Dr. G. Berger (2005): *Differential- und Integralrechnung I*

2. Die Äquivalenzklassen dieser Äquivalenzrelation heißen rationale Zahlen, d. h.

$$\mathbb{Q} := \{\ [\ (p,q)\ ]\ \ |\ \ "(p,q) \in (\mathbb{Z} \times (\mathbb{Z} \setminus \{0\})) \times (\mathbb{Z} \times (\mathbb{Z} \setminus \{0\}))"\ \text{und}$$

$"(p_1,q_1) \in [\ (p,q)\ ]\ \Leftrightarrow\ p_1 q = p q_1"\ \}$ Die Klasse $[\ (0,1)\ ]$ wird mit "Null" bzw. "0"

bezeichnet.

Satz zur Addition:

Seien a $= [\ (\ p_1,q_1\ )\ ]$ und b $= [\ (\ p_2,q_2\ )\ ]$ zwei rationale Zahlen. Auf $\mathbb{Q}$ wird durch

$$[(p_1, q_1)] \oplus [(p_2, q_2)] := [(p_1 q_2 + p_2 q_1, q_1 q_2)]$$

eine Abbildung, die Addition $\oplus$, definiert. Diese Abbildung ist assoziativ und

kommutativ.

4. Fachdidaktische Analyse

Innerhalb dieser Unterrichtseinheit sollen die Schüler das Addieren von rationalen Zahlen

zunächst mit gleichen, dann mit unterschiedlichen Vorzeichen erlernen. Hier kommt es neben

dem anfänglichen Vorstellungsvermögen an der Zahlengerade immer mehr darauf an, die

abstrakt wirkenden Rechenschritte abzuarbeiten und am Ende der Stunde auch im Kopf

durchzuführen. Die Lernenden sollen noch einmal den Begriff des Betrages wiederholen, da

dieser eine Voraussetzung für die Lösung der Aufgaben darstellt. Des Weiteren wird das

Vergleichen und Ordnen von rationalen Zahlen und deren Beträgen von Wichtigkeit sein, da

ohne diese Kenntnis das Vorzeichen des Ergebnisses nicht bestimmt werden kann.

Voraussetzung hierfür bilden die letzten Stunden, in denen diese Themen bereits eingeführt

wurden. Es wird darauf geachtet, dass bestimmte Begriffe (z. B. Betrag, Rechenzeichen,

Vorzeichen) richtig verwendet und Arbeitsschritte begründet werden.

Die Schüler kennen die Addition und Subtraktion im Bereich der natürlichen Zahlen. Durch

den Inhalt der letzten Stunde wurden die Änderungsangaben auch schon mit Rechnungen und

gewissen Abläufen verknüpft, welches den Übergang zur hospitierenden Stunde leichter

machen sollte.

Grundvorstellungen zum Ablauf der Addition von rationalen Zahlen sind demzufolge bereits

vorhanden und werden nun auf Grund von gleichen oder verschiedenen Vorzeichen im

Unterricht besonders herausgestellt.

Beim Einstieg erhalten die Lernenden eine Folie mit dem bekannten Fahrstuhlsystem. Hier kommt es mir darauf an, dass das Prinzip der Bestimmung von Etagen in eine mathematische Rechnung übertragen wird. Um den Schwierigkeitsgrad so einfach wie möglich zu halten, wird während des Einstiegs auf gebrochene und Dezimalzahlen verzichtet. Da Bekanntes allerdings nicht nur wiederholt werden soll, genügt es nicht sich auf natürliche Zahlen zu beschränken. Demzufolge werden zunächst nur ganze Zahlen verwendet. Die einführende Folie ist so angelegt, dass die ersten beiden Teilaufgaben der Addition mit gleichem Vorzeichen entsprechen und darüber hinaus, die Regeln für solch eine Rechnung bestimmt werden sollen. Dies wird anhand einer Tabelle an der Tafel festgehalten. In der Übungsphase zur Addition bei gleichen Vorzeichen sollen dann zunehmend schwierigere Aufgaben hinzugezogen werden, d.h. es wird mit Brüchen und Dezimalzahlen gearbeitet. Im zweiten theoretischen Teil des Blocks wird nach gleicher Weise vorgegangen. Die letzten beiden Teilaufgaben entsprechen einer Addition mit unterschiedlichen Vorzeichen. Die Regeln sollen nun in einer Kommunikationsphase zusammen erarbeitet werden und im zweiten Teil der Tabelle ergänzt werden. Zum Abschluss der Stunde erfolgt noch ein Höhepunkt mit der Rückgabe der Leistungskontrolle, die sehr gut ausgefallen ist. Dennoch wird zum Stundenende der gelernte Inhalt noch einmal wiederholt und gefestigt.

5. Lernziele

Entwickeln des Anschauungsvermögens

Die Lernenden haben bereits eine Vorstellung von positiven und negativen rationalen Zahlen in den letzten Stunden entwickelt, in dem sie diese auf der Zahlengeraden ablesen und eintragen können. Durch die Erarbeitung der Addition von rationalen Zahlen wird zunächst noch die Zahlengerade (in Form von Hoteletagen) zur Hilfe genommen, um die abstrakte Rechnung anschaulicher zu gestalten.

Entwickeln von Problemlösefähigkeit

Die Schülerinnen und Schüler werden im Laufe der Stunde immer abstrakter an die gestellten Aufgaben herangehen. Es wird kein Zahlenstrahl mehr von Nöten sein um eine Addition von rationalen Zahlen durchzuführen. Dabei sind die gelernten Regeln zu beachten und zunehmend im Kopf durchzuführen.

Kommunizieren

Bei der Erarbeitung des Unterrichtsstoffes sollen sich die Schüler beteiligen, in dem sie ihr Vorwissen gezielt anwenden und mit Hilfestellung des Lehrers zu neuen Erkenntnissen kommen. Wichtig ist es hierbei, dass sich korrekt ausgedrückt wird. Gefundene Lösungsschritte sollen von den Schülern begründet und evtl. gemachte Fehler sollen zweckmäßig korrigiert werden, damit ein Nutzen daraus gezogen werden kann.

6. Methodische Überlegungen

Unterrichtsschritte und ihre didaktische Funktion

Die Unterrichtsstunde beginnt mit der Begrüßung und einem kurzen informierenden Unterrichtseinstieg, welcher einen Überblick über den ersten Block liefern soll. Das eigentlich neue Thema „Addition von rationalen Zahlen" soll dabei jedoch noch nicht benannt werden. Für die Schüler könnte dies sonst so wirken, dass wieder einmal neuer, schwieriger Stoff hinzukommt. Vielmehr soll durch die Hinführung zum Thema deutlich gemacht werden, dass die Schüler den wesentlichen Inhalt bereits können, da sie alle notwendigen Vorkenntnisse, im speziellen „Das Beschreiben von Änderungen" und „Ordnen und Vergleichen von rationalen Zahlen" bereits besitzen. Nach dem informierenden Unterrichtsbeginn erfolgt die Tägliche Übung (TÜ). Die Schüler sind dies gewohnt. Somit erfüllt sie einerseits die Aufgabe ein Zeichen zu setzen, dass nun der Mathematikunterricht wirklich begonnen hat und andererseits einen regelmäßigen Stundenablauf zu gewährleisten, der den Lernenden bekannt ist. Es schließt sich eine kurze Wiederholungsphase an, in der die Schüler den Stoff der vorangegangenen Stunde kurz rekapitulieren sollen. Als Einstieg für die Stunde habe ich schon in der TÜ eine Aufgabe eingebaut, die uns im Laufe des Blocks immer wieder beschäftigen wird. Diese „Fahrstuhlaufgabe" soll einen gewissen Anwendungsbezug verdeutlichen. Außerdem können sich die Lernenden diesen Vorgang gut vorstellen,

14

da ein Aufzug aus der Erfahrungswelt eines jeden Schülers stammt. Ohne ein Wort darüber zu verlieren, dass sich hinter den Aufgaben das Thema der Stunde verbirgt, können die Schüler das Problem lösen. Ein wichtiger Punkt wird sein, in wie weit die Kinder die Textaufgabe in eine mathematische Rechnung übertragen können.

Anschließend wird den Schülern mitgeteilt, dass dies nun bereits ein Teil des neuen Stoffes war und sie das eigentlich schon beherrschen. Damit soll ein Erfolgserlebnis geschaffen werden, welches sich positiv auf die Motivation auswirken soll.

Nachdem die wesentlichen Inhalte (Addition rat. Zahlen mit gleichen Vorzeichen) im Stoffteil festgehalten wurden, erfolgt eine Zusammenfassung durch die Lernenden. Hier soll eine Wiederholung erfolgen sowie eine Prüfung, ob der neue Stoff verstanden wurde. Die Bearbeitung der Aufgaben wird zunächst vom Lehrer in zwei Schritten (befolgen der Regeln) vorgegeben. Im weiteren Übungsverlauf werden diese Schritte im Kopf durchgeführt und die Rechnung abstrakt durchgeführt.

Da die ersten beiden Stunden des Tages im Block und ohne Pause stattfinden, schließt sich eine Auflockerungsphase an, bei der den Lernenden die Möglichkeit einer kurzen Trinkpause eingeräumt wird. Eine gewisse Unruhe wird in dieser Zeit bis zu einem bestimmten Grad toleriert. Der Gedanke dieser Phase ist, dass die Schüler ihre kognitiven Ressourcen regenerieren, da es ihnen schwer fällt sich über 90Minuten kontinuierlich zu konzentrieren. Da sich die Schülertätigkeit anschließt, soll eine geistige Frische gesichert werden.

Im weiteren Unterrichtsverlauf wird nun auf den zweiten Teil der Aufgaben (Folie) eingegangen. Die Schüler finden sich jetzt dem Problem gegenüber, dass von Ihnen eine Addition mit verschiedenen Vorzeichen verlangt wird und sie die Sachaufgabe wieder in eine mathematische Rechnung übertragen sollen. Im weiteren Verlauf sollen die Banknachbarn nun gemeinsam, wie im ersten Teil der Stunde vorgegeben, nach Regeln für eine Lösung dieser Rechnung suchen. Im Unterrichtsgespräch werden nun die Ergebnisse an der Tafel fixiert und die Tabelle vervollständigt. Im Anschluss daran, soll wieder nach vorgegebenem Muster geübt und nach und nach die notwendigen Rechenschritte im Kopf durchgeführt werden. Gegen Stundenende wird noch eine Leistungskontrolle zum Thema „Vergleichen und Ordnen" zurückgegeben. Diese ist sehr gut ausgefallen und einige Schüler haben sich endlich für Ihre Anstrengungen belohnt.

Zum Abschluss werden Hausaufgaben erteilt und es erfolgt eine kurze Auswertung der Stunde, um den Schülern eine Rückmeldung über den Lernprozess zu geben und der Stundeninhalt wird noch einmal wiederholend abgefragt.

Sozialformen

Zu Beginn der Stunde erfolgt der Überblick über den Unterrichtsblock durch einen Lehrervortrag. Im Anschluss daran werden die Schüler im Rahmen der TÜ in Einzelarbeit tätig, welche gemeinsam, im gelenkten Lehrer-Schüler-Gespräch verglichen wird. Danach wird mittels eines Unterrichtsgesprächs einerseits der Stoff aus der letzten Stunde kurz wiederholt und andererseits die aufgegebenen Hausaufgaben kontrolliert.

Der Einstieg in das neue Thema, sowie die Erarbeitung des Stoffes erfolgt im Unterrichtsgespräch, welches durch den Lehrer gelenkt wird. Mit Impulsfragen soll anschließend geklärt werden, ob die Schüler die Inhalte nachvollziehen konnten. Nach der Auflockerungsphase, in welcher jedem Schüler eine kurze Bewegungsmöglichkeit eingeräumt wird, arbeiten die Lernenden paarweise zusammen. Somit können die leistungsschwächeren von den leistungsstärkeren profitieren und es sollte zu möglichst wenigen Fehlern kommen. Gleichzeitig sollen durch den Kommunikationsraum soziale Kontakte ermöglicht werden. Die Erteilung der Hausaufgaben und die Auswertung der Stunde erfolgt abschließend wieder als Lehrervortrag.

Medien

In dieser Stunde wird vor allem der Overheadprojektor eine wichtige Rolle spielen. Da das Anschreiben und Präsentieren der Hauptaufgabe an der Tafel eine hohe Zeit in Anspruch nehmen würde, kann somit ein effektives Zeitmanagement erreicht werden, bei dem wenig Leerlauf für die Schüler entsteht. Der hohe Anteil echter Lernzeit, der dadurch realisiert wird, ist unter anderem eines der zehn Merkmale guten Unterrichts nach H. Meyer (vgl. Meyer 2004, S.39-46).

Das zweite Medium, welches zur Festigung herangezogen wird, ist die Tafel. Sie ermöglicht, dass das Tafelbild für jeden gut sichtbar eingetragen werden kann. Außerdem wird das Tafelbild für den Rest des Unterrichts bestehen bleiben, so dass jeder Schüler bei Problemen nochmal nach vorn sehen kann, um sich die neuen Inhalte nochmals ins Gedächtnis zu rufen.

16

7. Verlaufsplanung

Zeit	Inhalt/Stoff	Methodische Gestaltung
09:50	**Begrüßung, Überblick über den Unterrichtsblock**	- Lehrervortrag
09:52	**Tägliche Übung** - siehe Anhang	- Aufgaben, werden an der Tafel und über eine Folie präsentiert
10:07	**Vergleich Tägliche Übung**	- Lösungen werden von Schülern genannt, Lehrer-Schüler-Gespräch - Übersicht über die Leistung: Wer hat wie viel richtig? - **tägliche Übung bietet mit der letzten Aufgabe (Änderungsbeschreibungen) den Übergang zum theoretischen Hauptteil der Stunde**
10:12	**Kontrolle der Hausaufgabe** - säumige Schüler werden notiert, müssen Hausaufgabe zur nächsten Stunde nachholen	- LB. S. 97 Nr. 7 - Unterrichtsgespräch
10:15	**Einstieg (Addition von rat. Zahlen mit gleichen Vorzeichen)** - mit Folie und Aufgabe der täglichen Übung Aufgabe 1/2 Folie Lösung: 1.) 11. Etage über der Erde 2.) 6. Etage unter der Erde → Regeln werden hier durch das Tafelbild vorgegeben (im zweiten Teil sollen die Regeln selbst gefunden werden)	- Schüler sollen erkennen, dass der neue Stoff im Eigentlichen schon beherrscht wird, aber die Notwendigkeit besteht, es auch mathematisch zu begründen und abstrakt mathematisch vorzugehen → Ziel ist es, die gestellte Sachaufgabe in eine mathematische Rechnung umzuwandeln Lösung als Bsp. Im Tafelbild: Bsp. 1.) (+1)+(+10)=11 2.) (-3)+(-3)=-6 Es wird hier besonders auf die Wichtigkeit der Klammern und Ihre Funktion hingewiesen: „Wir unterscheiden in Rechenzeichen und Vorzeichen"

10:30	**Übung mit Vorgabe der Schritte:**
	Bsp. An der Tafel
		Bsp.: (-4)+(-7)
		  a) Kläre das Vorzeichen: - b) addiere die Beträge: $|-4|+|-7|=11$
		  b) Ergebnis: (-4)+(-7)= -11

17

	Übungen nach diesem Prinzip: LB. S. 99 Nr. 3	
	Weitere Übungen mit Ablauf der Regeln im Kopf: LB. S. 99 Nr. 6/7 Puffer für schnelle Schüler LB. S. 100 Nr. 8	
10:45	**Kleine Pause**	
10:47	**Einstieg (Addition von rat. Zahlen mit verschiedenen Vorzeichen)**	- Schüler sollen erkennen, dass der neue Stoff im Eigentlichen schon beherrscht wird, aber die Notwendigkeit besteht, es auch mathematisch zu begründen und abstrakt mathematisch vorzugehen
	Aufgabe 3/4 Folie Lösung: 3) 2. Etage unter der Erde 4) 6. Etage über der Erde	→ Ziel ist es, die gestellte Sachaufgabe in eine mathematische Rechnung umzuwandeln Lösung als Bsp. Im Tafelbild: Bsp.: 3.) $(+7)+(-9)=-2$ 4.) $(-6)+(+12)= +6$
	→ Regeln sollen durch die Kinder Partnerweise diskutiert werden und man soll sich auf *zwei* Regeln festlegen	
	→ Ergebnis wird in der zweiten Spalte der Tabelle festgehalten	
10:57	**Übung mit Vorgabe der Schritte:** Bsp. An der Tafel	Bsp.: $(-3)+(+11)$ d) Vergleichen der Beträge: $\lvert -3 \rvert < \lvert +11 \rvert$ b) klären des Vorzeichens: + c) Subtrahiere den kleineren Betrag vom Größeren: $\lvert +11 \rvert - \lvert -3 \rvert = 8$
	Übungen nach diesem Prinzip: LB. S. 101 Nr. 3	
	Weitere Übungen mit Ablauf der Regeln im Kopf: LB. S. 101 Nr. 6/7 Puffer für schnelle Schüler LB. S. 102 Nr. 11	
11.10	Rückgabe der Lk	
11.16	HA S. 103 / Nr.1	

18

		- Stundeninhalt reflexieren und Erkenntnisse festigen

11.18	Wiederholung und Festigung
	Was ist zu tun bei Addition von gleichen Vorzeichen?
	{ a) Kläre das Vorzeichen b) addiere die Beträge:
	c) Ergebnis }
	
	Was ist zu tun bei Addition von verschiedenen
	Vorzeichen?
	   a) Vergleichen der Beträge:
	   b) klären des Vorzeichens:
	   c) Subtrahiere den kleineren Betrag vom Größeren	

8.1 Literatur

Lehrplan Mitteschule: *Mathematik*. 2004 / 2007

Meyer, H. (2004). *Was ist guter Unterricht*. Berlin: Cornelsen.

Prof. Dr. G. Berger (2005): *Differential- und Integralrechnung I*

.

8.2 Tafelbild und Folie

Tägliche Übung:

1. Schreibe als gemischte Zahl

a) $19/4 = 4\,\tfrac{3}{4}$ b) $15/2 = 7\,\tfrac{1}{2}$ c) $30/8 = 3\,6/8 = 3\,\tfrac{3}{4}$

2. a) $\tfrac{1}{2} - \tfrac{1}{4} = \tfrac{1}{4}$ b) $1/3 * 3/2 = \tfrac{1}{2}$ c) $1/3 : 1/7 = 7/3 = 2\,1/3$

3. 20% von 60€ = 12€

4. 40cm = 400mm

5. Vergleiche die Beträge der Zahlen

a) 5 und -7   b) 3 und 12   c) -4 und -5

   $|5| < |7|$ $|3| < |12|$ $|-4| < |-5|$

6.   Ein Fahrstuhl, wie auf der Folie zu sehen, fährt ständig auf und ab.
     Trage die fehlenden Werte ein.

	Einstieg	Fahrstuhlbewegung	Ausstieg
a)	+ 12	- 16	- 4
b)	- 3	+ 6	+ 3
c)	+ 14	- 6	+ 8
d)	+ 2	- 5	- 3

Tafelbild:

Additionsregel für rationale Zahlen mit …

… gleichen Vorzeichen	… verschiedenen Vorzeichen
Bsp.:	Bsp.:
1.) (+1)+(+10)= +11	3.) (+7)+(-9)= -2
2.) (-3)+(-3)= -6	4.) (-6)+(+12)= +6
Wie muss ich vorgehen?	Wie muss ich vorgehen?
a) Man setzt das gemeinsame Vorzeichen der Zahl	a) Man setzt das Vorzeichen der Zahl mit dem größeren Betrag
b) Man addiert die Beträge	b) Man subtrahiert vom größeren Betrag den kleineren

Vereinbarung: um Rechenzeichen von Vorzeichen zu unterscheiden, schreiben wir die rationalen Zahlen in einem Term in Klammern!

Linke ausklappbare Tafel:

Bsp.: (-4)+(-7)
- a) Kläre das Vorzeichen: -   b) addiere die Beträge: $|-4| + |-7| = 11$
- b) Ergebnis: (-4)+(-7)= -11

Rechte ausklappbare Tafel:

Bsp.: (-3)+(+11)
- a) Vergleichen der Beträge: $|-3| < |+11|$ b) klären des Vorzeichens: +
- c.) Subtrahiere den kleineren Betrag vom größeren: $|+11| - |-3| = 8$

Folie:

In einem New Yorker Hotel geht ein Fahrstuhl über 15 Geschosse über der Erde (OG), einem Erdgeschoss (EG) und 6 Parkebenen unter der Erde (TG). Hotelboy Sammy ist für die Gäste viel unterwegs:

d.) Sammy holt Gäste von der Bar (im 1.OG) ab und fährt 10 Etagen aufwärts. Er befindet dann sich in der ____ . Etage _____ der Erde.

e.) Ein zweites Pärchen ist in der Tiefgarage (3.Etage unter der Erde) angekommen. Sammy möchte Ihnen die Sauna zeigen und fährt mit Ihnen noch 3 Etagen tiefer. Die Gäste steigen in der _____ . Etage _____ der Erde aus.

f.) Sammy muss einen vergessenen Schlüssel holen und fährt vom 7. OG 9 Etagen noch unten. Er befindet sich in der _____ . Etage _____ der Erde.

g.) Sammy hat noch eine letzte Fahrt vor sich. Er muss von der Sauna noch einmal 12 Etagen nach oben fahren. In welcher Etage kommt er an?

	+ 15	
	+ 14	
	+ 13	
	+ 12	
	+ 11	
	+ 10	
	+ 9	
	+ 8	
	+ 7	
	+ 6	
	+ 5	
	+ 4	
	+ 3	
	+ 2	
	+ 1	
	0	
	-1	
	-2	
	-3	
	-4	
	-5	
	-6	

6. Ein Fahrstuhl, wie auf der Folie zu sehen, fährt ständig auf und ab. Trage die fehlenden Werte ein.

	Einstieg	Fahrstuhlbewegung	Ausstieg
a)	+ 12	- 16	- 4
b)	- 3	+ 6	+ 3
c)	+ 14	- 6	+ 8
d)	+ 2	- 5	- 3

24